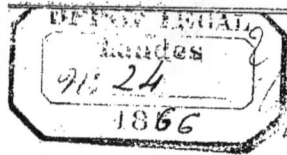

EUGÉNIE

— les —

BAINS.

1866.

EUGÉNIE

— les —

BAINS.

1866.

NOTICE

SUR LES PROPRIÉTÉS CHIMIQUES ET L'ACTION THÉRAPEUTIQUE DES EAUX
SULFURÉES CALCIQUES, FERRUGINEUSES ET ALCALINES

D'EUGÉNIE-LES-BAINS

(LANDES).

Historique.

La Station thermale d'Eugénie-les-Bains, connue depuis des siècles sous le nom de Saint-Loubouer, était fréquentée depuis des temps très-reculés puisque, dans les fouilles pratiquées pour le captage des nouvelles sources, on a découvert des monnaies du commencement du XVIᵉ siècle. Déjà, sous Henri IV, un inspecteur, investi d'une mission royale, visita les sources de St-Loubouer qui, alors, jaillissaient au milieu de marais boueux dans lesquels les rhumatisants et les paralytiques venaient se baigner pendant l'été, abrités sous des cabanes de feuillage que l'on dressait chaque année : c'était l'enfance de l'hydrologie médicale. Mais le monarque béarnais qui porta les premiers édits sur les eaux minérales, mit en demeure les seigneurs de St-Loubouer d'établir des bains publics ou de céder les sources à l'état. — Des documents certains apprennent que les bains furent reconstruits en 1750. C'est à peu près de cette époque que date le premier travail publié sur les eaux qui nous occupent ; on le doit au docteur Lafaille qui le fit imprimer à Pau, en 1758. A l'époque où fut écrit cet opuscule, la chimie hydrologique n'était guère avancée, et la science n'avait point à sa disposition les méthodes précises d'investigation qu'elle possède aujourd'hui ; toutefois les propriétés chimiques et physiques des eaux y sont bien constatées et leur valeur thérapeutique est parfaitement appréciée.

En 1843, M. Marrast, de St-Sever, et MM. Bergeron et Alexandre, de Mont-de-Marsan, analysèrent, le premier les eaux de la source St-Loubouer, les seconds celles des sources du Bois et Nicolas. M. Ossian Henry, à l'occasion d'une nouvelle demande d'exploitation, a fait une nouvelle analyse qui fut l'objet d'un rapport favorable à l'Académie de médecine. Enfin nous possédons un récent et très-remarquable travail analytique de O. Réveil; ce savant consciencieux et distingué qui vient d'être prématurément enlevé aux progrès de la science et à l'estime de tous ceux qui l'ont connu. Ce sont les résultats de ce travail que nous allons exposer.

Composition chimique.

Eugénie-les-Bains possède trois établissements : les **Thermes St-Loubouer**, le **Bois** et **Nicolas**. Toutes les sources présentent une grande analogie de composition; nous donnerons seulement l'analyse des sources de l'établissement St-Loubouer qui se distinguent par un degré de sulfuration supérieure.

Sources de l'Établissement *Saint-Loubouer*.

Débit par vingt-quatre heures.	96,700 litres.
Température de l'eau.	19° 5
Densité à + 15°.	1,0041

Minéralisation par litre.

Sulfure de calcium.	0,005222
— de fer. . . . . . traces.	
Hyposulfite de chaux.	0,002711
Chlorure de sodium.	0,035860
— de potassium. . . . traces.	
Sulfate de chaux.	0,017527
Silicate de soude.	0,064000
Iodure de sodium ⎱ . . . traces.	
Fluorure de calcium ⎰	
Carbonate de soude.	0,063700
— d'ammoniaque.	0,000824
Bicarbonate de chaux.	0,061137
— de magnésie.	0,046880
Carbonate de lithine ⎱ . . . traces.	
Borate de soude ⎰	
Phosphate de chaux ⎱	
— de magnésie ⎰ . . traces.	
Arséniate de soude ⎰	
Matière organique.	0,037500
	0,335361

Gaz ⎰	azote.	21ᶜᶜ
	oxygène.	traces.
	acide carbonique. .	traces.

Il résulte de ces chiffres que le bain de 300 litres tient en dissolution 100 gr. 6083 de Barégine ou de sels minéraux.

Nous devons noter toutefois que la source du Bois se distingue par la prédominance du sulfure de fer et la source Nicolas par la plus grande proportion des hyposulfites. Ces différences pourraient peut-être expliquer les diversités d'action et les propriétés spéciales que les médecins ont constaté.

D'après cette analyse, les Eaux d'Eugénie-les-Bains appartiennent au groupe des eaux sulfurées calciques. Mais elles offrent trois particularités remarquables : leur réaction alcaline, leur température élevée relativement, et l'abondance insolite de la matière organique azotée (Barégine ou Glairine). Ces considérations amèneront à comprendre comment l'usage des Eaux d'Eugénie produit les remarquables résultats que l'on n'obtient point avec les eaux de la même famille, et aussi comment ces eaux sont très-peu altérables par le transport.

Propriétés et caractères physiques.

La température des sources d'Eugénie-les-Bains varie entre + 16° et + 20°. Elles sont limpides, incolores, leur odeur est caractéristique, leur goût légèrement sulfureux. Elles ont une très-faible densité qui se rapproche beaucoup de celle de l'eau distillée ; cela explique sans doute, ainsi que la présence de la matière organique en grande quantité, la facilité avec laquelle on les digère et on les supporte même à des doses très-élevées.

Mode d'administration de l'eau.

L'eau d'Eugénie s'administre sous toutes les formes ; en boisson, en bains, en douches de tout genre. Prise en boissons et à doses modérées, elle ouvre l'appétit, facilite les digestions et tonifie l'économie toute entière. A des doses un peu plus élevées, elle est légèrement laxative, très-diurétique et un peu excitante. Enfin, il est des gens qui boivent sans discernement et sans mesure ces eaux d'une digestion toujours très-facile, mais qui, dans ces cas-là, ont donné lieu à des accidents fort graves.

Les bains se prennent sous toutes les formes : bains entiers, demi bains, bains de siège, bains au vaporarium, etc., selon les effets que l'on veut obtenir et le tempérament du sujet.

La plus grande variété existe à Eugénie dans les appareils pour l'administration des douches, et la température de l'eau présente l'immense avantage d'avoir pu installer un établissement d'hydro-thérapie à l'eau minérale. Ce mode d'application comprend les douches à percussion ; en jet, en lance, en lame, les douches en arrosoir, les douches écossaises, les douches ascendantes, rectales, vaginales, les douches en pluie, etc., etc.

Applications thérapeutiques.

La richesse des eaux d'Eugénie permet des applications thérapeu-tiques très-nombreuses et très-variées. Outre l'action générale des eaux sulfureuses, elles ont une action élective très-marquée sur la muqueuse gastro-intestinale. Ainsi rendent-elles de nombreux et signalés services dans les gastrites chroniques, les entérites, les convalescences pénibles des affections graves des voies digestives, telles que les fièvres typhoïde et muqueuse ; les paresses digestives et surtout les atonies stomachales, alors même que, sous l'influence d'excès ou autrement, l'estomac a perdu son ressort et ne peut plus conserver les aliments ; dans les cachexies paludéenne, goutteuse, syphilitique, quand l'organisme tout entier, sous la dépendance d'un mal invétéré, a perdu sa force de réaction, en est arrivé à cette inertie voisine du marasme. Le principe excitant, tonique de ces eaux agit presque toujours avec une efficacité complète.

Et, pour passer à un autre ordre de faits, on conseillera avec succès les eaux d'Eugénie aux personnes profondément anémiées, dont le sang est appauvri par de longues souffrances ; qui sont affectées d'une toux sèche et pénible, dont le goût est perverti, l'appétit égaré, etc., en un mot aux chlorotiques. Le fer, à l'état de sulfure, et les traces d'arséniate de soude en auront raison. Lafaille l'avait bien reconnu quand il écrivait : « Ces eaux sont efficaces contre certaines » maladies du sexe, telles que les pâles couleurs, les suppressions » de menstrues ou vuidanges, les jaunisses, coliques d'estomac. » (Analyse des Eaux de St-Loubouer. 1758.)

C'est surtout contre l'élément catarrhal que les eaux d'Eugénie seront administrées avec succès, soit qu'on s'adresse à un catarrhe bronchique ou laryngé, soit qu'on ait affaire à un catarrhe nerveux ou à un asthme catarrhal ; soit enfin qu'il faille combattre les premiers symptômes de la phtisie tuberculeuse. Il s'est produit, dans ce dernier cas, des guérisons très-remarquables. Le catarrhe utérin et vaginal, les inflammations utérines, les engorgements du col, y sont combattus aussi fort heureusement.

Enfin, chez les personnes nerveuses, la tolérance des eaux d'Eugénie sera établie plus facilement que pour les autres sources de la même famille. Leur température, leur richesse exceptionnelle en matière organique azotée peuvent rendre compte de cette tolérance ; les eaux d'Eugénie, en effet, ne sont surpassées dans leur richesse en barégine que par les eaux de Labassère qui ne servent point à la balnéation. Aussi conviendront-elles quand il faudra modifier des troubles fonctionnels, apporter une perturbation chez un névropathe, combattre les dérangements de la santé propres aux femmes, que caractérise un mélange d'atonie et d'excitabilité et dont la dysménorrhée est un des traits les plus saillants. Toutefois, dans ces circonstances, le traitement thermal devra être méthodiquement dirigé.

Il serait trop long d'entrer dans les détails de toutes les maladies traitées à Eugénie ; contentons-nous d'énumérer, en outre de celles ci-dessus indiquées, le rhumatisme et la goutte, les maladies graveleuses et calculeuses, les affections intestinales, les maladies du foie, l'hépatite, la cystite chronique, les engorgements du foie et de la rate, la scrofule, la pellagre, les fièvres intermittentes rebelles et confirmées, les cachexies de toute nature, etc., etc.

Transport et conservation des Eaux, manière d'en user loin de la Source.

Nous avons dit que la buvette constituait un des principaux modes d'administration des Eaux d'Eugénie-les-Bains. Sous cette forme, on peut en faire usage au loin quand les circonstances ne permettent e ven es prendre à la source et à leur température naturelle. Mais il est co les indications auxquelles il faut se conformer. Elles

varieront, d'après la nature et le degré d'acuité de la maladie, le tempérament, les différences individuelles, l'excitabilité et la susceptibilité organiques des malades ; aussi serait-il très-difficile d'indiquer des règles absolues pour l'usage de ces eaux ; nous allons tâcher toutefois d'esquisser quelques données générales.

Le plus souvent l'action des Eaux d'Eugénie s'adressera à des affections gastro-intestinales subaigues ou passées à l'état chronique. Dans le premier cas, un verre d'eau le matin, à jeûn, et un autre une demi-heure avant le principal repas, suffisent pour régulariser les fonctions de l'estomac. Dans le second, on pourra utilement en consommer une bouteille tous les matins et à jeûn, afin de réveiller l'atonie de l'estomac ou de modifier la nature des sécrétions.

Si c'est à une affection organique du poumon ou à une maladie catarrhale des bronches qu'on les oppose, l'emploi devra en être plus circonspect et trois quarts de verre environ jettés sur quelques cuillerées de lait très-chaud, ou de sirop de gomme ou de Tolu aussi très-chauds, sera une dose suffisante, au moins dans le premier cas.

Il est également un grand nombre d'affections traitées à Eugénie-les-Bains, qui réclament l'usage prolongé des eaux pour confirmer une guerison ébauchée à la source. Aussi sera-t-il utile aux baigneurs d'emporter leur provision d'hiver. Malgré la nature des eaux d'Eugénie, elles peuvent être transportées au loin et conservées sans qu'elles éprouvent d'importantes modifications. M. Réveil en a transporté à Paris et conservé plusieurs mois sans qu'elles aient perdu la moindre trace du principe sulfureux. De plus, essayées au sulfuromètre à différentes époques de l'année, leur degré de sulfuration n'a pas varié. Ces avantages sont dûs, sans doute, à la richesse de matières organiques dissoutes dans les Eaux d'Eugénie-les-Bains et qui constitue une excellente condition de stabilité. Les nouveaux procédés pour la mise en bouteille, ainsi que les précautions toutes spéciales indiquées par M. Réveil sont mis en usage à Eugénie avec le plus grand soin et la plus scrupuleuse exactitude. On conservera les bouteilles couchées et pour celles que l'on ouvrirait sans les consommer entièrement tout de suite, il serait bon de les reboucher rapidement pour les soustraire, le plus vite possible, au contact de l'air, et de les renverser en ayant soin d'immerger le goulot de la bouteille dans un vase plein d'eau.

État actuel de la Station.

Qui n'aurait pas visité Eugénie depuis 1860 serait profondément surpris de sa transformation radicale. Un établissement tout neuf et parfaitement aménagé a remplacé l'installation insuffisante des cabinets d'autrefois. Un système très-ingénieux de distribution d'eau chaude dans les bains conserve tout le principe sulfuré. Trois nouvelles sources ont été captées. Un établissement hydrothérapique très-complet et à l'eau minérale, fonctionne en ce moment et ne laisse rien à envier aux autres stations thermales pour l'utilité des baigneurs. Des appareils à pulvérisation, des bains au vaporarium, etc., offrent au médecin toutes les ressources de l'hydrologie moderne. Un parc de dix hectares, planté d'arbres, arrosé par des cours d'eau et dont tous les détails ont été dirigés au point de vue de l'hygiène la mieux entendue, permet aux baigneurs un exercice salutaire. Des massifs habilement disposés autour d'un bassin, invitent les baigneurs à respirer les vapeurs d'eau minérale pulvérisée, fournies par un jet d'eau qui jaillit au milieu du réservoir. Enfin, si Eugénie-les-Bains n'offre point tous ces plaisirs bruyants que l'on rencontre dans d'autres stations, elle assure du moins aux malades cette tranquilité paisible si nécessaire au succès du traitement.

Dʳ A. MAGNIÉ,
Médecin consultant à Eugénie-les-Bains.

GUIDE-INDICATEUR

Indications générales. Voies de communication.

La station d'Eugénie-les-Bains est située sur la rive gauche de l'Adour, dans une agréable vallée où serpente une petite rivière débouchant non loin de là dans l'Adour.

A 14 kilomètres d'Aire, son chef-lieu de canton.
A 20 kilomètres de St-Sever, chef-lieu de l'arrondissement.
A 45 kilomètres de Pau.

Voies de communication : Chemin de fer de Bordeaux à Tarbes.

GARES { de Grenade, à 10 kilomètres.
{ d'Aire, à 14 kilomètres.

Correspondance des omnibus d'Eugénie-les-Bains avec les divers trains.

INDICATION DES HEURES DU CHEMIN DE FER.

Trains s'éloignant de Bordeaux et se rapprochant d'Eugénie :

Départ de Bordeaux,	6 h. et 8 h. matin.		2 h. 30 soir.
Morcenx,	10 h. 37	d°	5 h. 22 d°
Mont-de-Marsan,	11 h. 40	d°	6 h. 58 d°
Arrivée à Grenade,	11 h. 58	d°	7 h. 15 d°

Arrivée des omnibus à Eugénie-les-Bains, 1 h. 30 soir.

Trains se rapprochant de Bordeaux et s'éloignant d'Eugénie :

Départ des omnibus d'Eugénie-les-Bains, 6 h. 30 matin.

Départ du train de Bordeaux :	Grenade,	7 h. 56 matin,	1 h. 40 soir.
Arrivée à	Morcenx,	9 h. 33 d°	3 h. 02 d°
Id.	Bordeaux,	1 h. 05 soir,	9 h. 25 d°
Id.	Bayonne,	1 h. 12 d°	8 h. 30 d°

Omnibus de Saint-Sever et d'Aire, Jeudi et Dimanche.

Établissements thermaux et hydrothérapique.

I. *Thermes St-Loubouer.*
4 sources.

{ Source des Prés
Source Amélie
Source St-Loubouer
Source Léon Dufour }

sulfureuses alcali-
nes.

II. *Bains du Bois.* Une source sulfureuse et ferrugineuse.

III. *Bains Nicolas.* Deux sources sulfo-alcalines.

Consultations médicales gratuites pour les pauvres, de 2 à 3 heures.

Tarifs divers.

BAINS
ET DOUCHES.

Bain.	0 fr. 50 c.
Bain de luxe.	0 75
Bain au vaporarium.	0 75
Douches ascendantes et vaginales. . .	0 25
Grandes Douches.	0 50
Bains de Pieds.	0 15

Bains à l'hydrofère, pulvérisateur, etc.

Lingerie : Peignoir, nappe et serviette. . . . 0 fr. 25 c.

N. B. *Une rémunération facultative des soins des garçons et filles de Bains, constitue tout leur traitement.*

BUVETTE.

Quatre Sources de l'Établissement Saint-Loubouer et Source de l'Établissement du Bois.

ABONNEMENT POUR TOUTE LA SAISON. . . 3 francs.

N. B. *Le puisage est prohibé.*

EXPÉDITION DE L'EAU EN BOUTEILLES.

Prise à la source (verre, caisse et emballage compris). 0^f 40 la b^{lle}.
Remise en gare de Grenade (Id.   ). 0^f 50
Et par caisse de 50 bouteilles. . . . . 20 francs.

Dépôts : à Bordeaux, cours de l'Intendance, 1 ; rue Ste-Catherine, 1. rue du Pas-St-Georges, 48.

à Arcachon, Pharmacie centrale ;

Et dans les principales villes.

SERVICE POSTAL.

Dépêches : Départ de Paris. . . . . 8 h. 30 soir.
D° de Bordeaux. . . . 7 h. » » matin.
Distribution à Eugénie. . . 1 h. 20 soir.

Levées de la boîte. { Première levée. . . . . . 1 h. 20 soir.
{ Deuxième levée. . . . . . 4 h. » » d°

BUREAU TÉLÉGRAPHIQUE.

Ouvert de 9 heures du matin à 7 heures du soir. — Bulletin de la Bourse de Paris affiché à 3 heures 45 du soir.

MAIRIE.

Tous les voyageurs sont tenus de faire leur déclaration d'arrivée à la Mairie.

Hôtels.

Hôtel du Grand Établissement.

Appartements de famille; — Appartements de luxe ; — Chambres à un et deux lits ; — Table d'hôte à 3 francs 50 et 5 francs, déjeûner et dîner; service à la carte.

Salon de Réunion, de Musique et de Lecture.

Dimanches et Jeudis : Bal ou Concert offert aux invités.

Hôtel du Bois.

Chambres nombreuses de un à trois lits, à 1 fr., 1 fr. 50 et 2 fr.; — Service à la carte; — Cuisine particulière à la disposition des personnes qui veulent faire préparer leurs aliments. (Sans augmentation de prix.)

Ces deux Hôtels dépendent des Établissements de Bains; outre l'avantage d'être à portée des Thermes, ils sont situés au milieu d'un immense parc de dix hectares dont les frais ombrages sont les plus agréables salons d'été que l'on puisse offrir aux baigneurs. Une petite rivière dont les méandres sinueux viennent récréer la vue, des pièces d'eau gracieusement disposées rafraichissent les alentours et permettent des promenades sur l'eau ; des nacelles parfaitement construites sont mises à la disposition des hôtes de ces établissements. — Les collines voisines offrent un but charmant de promenade ; de là, l'œil embrasse toute la vallée et ce délicieux paysage est orné, dans le fond, du rideau pyrénéen. — Les Nemrods modernes trouveront dans les alentours un beau chasser où abondent la perdrix rouge, le lièvre et la caille.

Maisons et appartements meublés à louer.

Terrains et emplacements à vendre.

Deux routes nouvellement ouvertes dans la vallée et deux rues principales longent ces terrains.

Imprimerie Vᵉ Serres, à St-Sever (Landes).

THERMES DE SAINT-LOUBOUER.

www.ingramcontent.com/pod-product-compliance
Lightning Source LLC
Chambersburg PA
CBHW050448210326
41520CB00019B/6125